鬼谷说

不可思议的古生物

边缘古生物篇

鬼谷藏龙　著

长江出版传媒　长江文艺出版社

图书在版编目（CIP）数据

鬼谷说：不可思议的古生物. 边缘古生物篇 / 鬼谷
藏龙著. -- 武汉：长江文艺出版社，2023.4（2023.5 重印）
ISBN 978-7-5702-2725-9

Ⅰ. ①鬼… Ⅱ. ①鬼… Ⅲ. ①古生物学－普及读物
Ⅳ. ①Q91-49

中国国家版本馆 CIP 数据核字(2023)第 035921 号

鬼谷说：不可思议的古生物. 边缘古生物篇

GUIGUSHUO : BUKESIYI DE GUSHENGWU.　BIANYUAN GUSHENGWU PIAN

———————————————————————————————————————

丛书策划：陈俊帆

责任编辑：杨　岚　王天然　　　　　　责任校对：毛季慧

封面设计：袁　芳　　　　　　　　　　责任印制：邱　莉　胡丽平

———————————————————————————————————————

出版：长江出版传媒 | 长江文艺出版社

地址：武汉市雄楚大街 268 号　　　　邮编：430070

发行：长江文艺出版社

http://www.cjlap.com

印刷：湖北新华印务有限公司

———————————————————————————————————————

开本：720 毫米×920 毫米　　　1/16　　印张：4.5

版次：2023 年 4 月第 1 版　　　　2023 年 5 月第 2 次印刷

字数：30 千字

———————————————————————————————————————

定价：135.00 元（全六册）

———————————————————————————————————————

目录

　　地球生命历史约40亿年，在约8亿年前，出现了最早的动物，而在5亿多年前，世界迎来了寒武纪大爆发，形成今天动物世界的雏形。仔细想来，这真是一首无比波澜壮阔的史诗，午夜梦回，我仰望星空，总会忍不住感慨，在这同一片星空之下，亿万斯年间，曾经有多少生灵来来去去，它们的故事必定也会让人心潮澎湃。

　　于是我做了一个决定，效法史迁究天人之际、通古今之变、终成一家之言，将我对于古生物学的一点浅见，付诸些许文献检索的辛劳，也为过去亿万年间之地球生灵撰写一部纪传体史书。在书写过程中，我的思绪也会经由查阅的资料回到那激荡的岁月，我仿佛看到昆明鱼在浑浊的浅海中一往无前，看到"角石"（注：为了和现代鹦鹉螺区分，本书中早期有外壳头足类都笼统称为角石。在其他材料中，这些角石也可能被称作鹦鹉螺。）张开腕足震慑四海，看到海蝎纵横来去，看到泥淖之中的提塔利克鱼，看到巨树之巅的巨脉蜻蜓，看到末日之下的二齿兽，看到兽族起于灰烬，看到恐龙横行天下，看到人类王者降临。

　　我不由自主地将感情注入了这些远古生灵之中，希望各位读者也能在字里行间看到我脑海中曾经涌现的盛景，跟着我的思绪亲密接触这万古生灵，一起欣赏伟大的动物演化史诗。

　　就请让我们从五亿多年前的寒武纪大爆发开始，翻开这本尘封的地层之书吧。

作者简介:

鬼谷藏龙，原名唐骁，中国科学院脑科学与智能技术卓越创新中心博士，上海科普作家协会会员，B站知名知识类UP主(ID:芳斯塔芙)。

从2014年起从事关于神经科学、基因编辑、科学史和古生物领域的科普，撰写了科普文章100余篇。曾参与编写《大脑的奥秘》，翻译《科学速读脑内新世界》；在B站开设账号"芳斯塔芙"，目前拥有超过300万粉丝，视频累计播放量约3亿。曾获B站第三届"新星计划"奖，B站2019年、2020年、2022年百大UP主，2019年"科学3分钟"全国科普微视频大赛特等奖，被评为网易2021年度影响力创作者。

画师简介:

夜蓝啊夜蓝，一名梦想用漫画做科普的插画师。著有搞笑漫画《天演论》等。

专家团队简介：

方翔，中国科学院南京地质古生物研究所副研究员，硕士生导师。主要从事早古生代地层及头足动物的研究，在奥陶纪地层划分对比、寒武纪－志留纪头足类系统古生物学、生物古地理学等方面取得重要成果。

历年来与英国、德国、芬兰、瑞士、澳大利亚、泰国等国学者有密切的合作研究。主持国家自然科学基金委、中国地质调查局等多项课题。

孙博阳，中国科学院古脊椎动物与古人类研究所古哺乳动物研究室副研究员，从事晚新生代哺乳动物演化研究。

朱幼安，中国科学院古脊椎动物与古人类研究所副研究员，入选中国科学院"百人计划"青年项目。主要研究方向为颌起源及有颌鱼类早期演化，相关成果对脊椎动物"从鱼到人"演化之树重要节点的认识产生重要影响。

王海冰，中国科学院古脊椎动物与古人类研究所副研究员，主要从事中生代哺乳动物系统演化方面的研究工作。

初代霸主的传奇
奇虾

　　说起古代的动物们，人们脑海中浮现出的图景大多是些凶猛的大怪兽，比如剑齿虎、霸王龙、邓氏鱼等等。总之是各个时代里最凶猛，最强大，站在食物链最顶端的动物赢家。

　　而现在鬼谷我要说的正是动物历史上最早的凶猛猎食者。它的故事还得从5亿多年前的寒武纪说起。

　　提起寒武纪，人们最容易想到的是著名的寒武纪大爆发。简单来说，在寒武纪之前，地球上大多数生命都只会杵在那儿一动不动。到了寒武纪，仿佛"嘎嘣"一声，能动来动去的动物一下子冒了出来。

　　不过这些动物刚刚来到世界上，关于自己应该长成

巨型斯普里格虫

欧巴宾海蝎

帚状奇虾

厌恶虫

楔形古虫

怪诞虫

皮卡虫

等刺虫

微网虫

初传爪虫

仙掌滇虫

林乔利虫

欢呼虫

内克虾

马尔虫

哈氏虫

寒武厚桨虾

抚仙湖虫

威瓦亚虫

奥托虫

莱德利基虫

周·小·姐虫

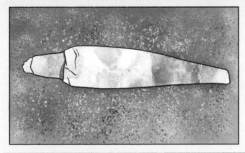

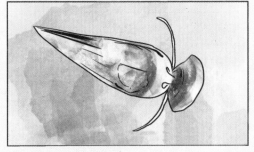

有这样的！

�样似乎还没个正常思路，所以寒武纪的动物普遍都长

得比较放飞自我。化石记录简直是群魔乱舞。

　　古生物学家最早发现寒武纪动物化石的时候基本上是

一脸懵，因此最早寒武纪动物的复原图都带点脑洞。

还有这样的……

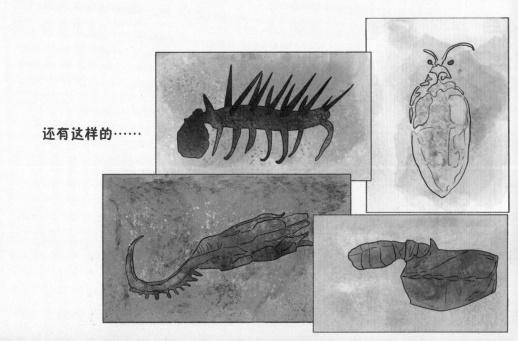

其中有这样一个化石，古生物学家一看，觉得八成是个虾仁吧。就这么定了，给它安个"虾头"，好，它就是虾了。不过这虾也实在长得太奇怪了呀！那叫它"奇虾"吧。

哎呀，这是什么？虾仁？

但是后来，人们才逐渐意识到，它根本就不是什么虾，而是一种寒武纪顶级掠食者的一只爪子。它的真身其实完全没点虾的样子，不过既然已经叫了这个名，那便这样叫着吧。

而奇虾正是那个时代最顶级的猎食者。

如果和其他远古的动物霸主放在一起对比的话，奇虾确实算不上什么凶猛可怕的怪兽，甚至还有点可爱。但是你要知道奇虾可是生活在五亿多年前的一种非常古老的动物。

弱一点没关系，关键是你跟谁比。你不能拿现代动物的标准和五亿多年前的老祖宗比，好比关云长再怎么抡大刀也不可能打得过一辆坦克，你总不能因此说关羽武功不行吧。

那咱们来瞧瞧寒武纪的动物们都是些什么样子。

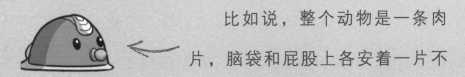比如说，整个动物是一条肉片，脑袋和屁股上各安着一片不

知道有啥用处的贝壳。

还有的，感觉是个没头
没脑瞎游的肉漏斗。

还有好像长着长腿的毛毛虫。跟这些
家伙一比，有没有觉得奇虾瞬间变得比较
有战斗力了呢？

要是再一
看体形那更不用比啦！当时体
形较大的动物也就十厘米左
右，还没有你一个巴掌大。

那么奇虾有多大呢？大概跟你家养的狗狗差不多
大，这对当时的那些小动物来说，根本是"进击的巨
人"啊。

奇虾能在寒武纪称王称霸，可不仅是靠体形。它那
曾让古生物学家闹笑话的大爪子在当时也是一大武器。
除此以外，奇虾身体两侧还长着好多对鳍状的附肢（附
肢：指动物体全躯干以外的，由动物体自身所支配的部

分躯干），这赋予了奇虾巨大的速度优势。不过奇虾最强大的武器要数它的眼睛。这里啊，又要说一个突破大家常识的事情了。我们看现在的动物，

鬼谷说

呃，不不不，别误会，我不是说奇虾会用它那忽闪忽闪的大眼睛萌倒猎物哦！

甭管是飞禽走兽还是小虫子，大家都长着眼睛，但是在五亿多年前，只有很少很少的动物是长着眼睛的。

奇虾的四大武器

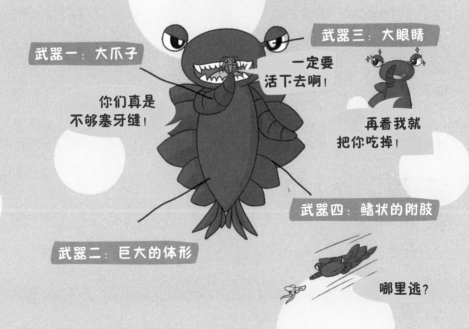

武器一：大爪子

你们真是不够塞牙缝！

武器三：大眼睛

一定要活下去啊！

再看我就把你吃掉！

武器二：巨大的体形

武器四：鳍状的附肢

哪里逃？

所以可以想象，奇虾对于当时全世界的小动物来说是怎样的噩梦了。面对奇虾这样一个超级大怪兽，那些史前的小动物们为了活下来可谓无所不用其极。

说起保命，你第一个想到的是啥？逃跑？对，比如当年我们的祖先昆明鱼大概便是这么干的。

技能一：逃跑

我游，我游，我使劲游！

昆明鱼

但是，在奇虾那个年代，能游得比奇虾还要快的动物可真不多，毕竟体形差异摆在那里，所以大部分动物的策略其实是长盔甲，比如现在的贝壳啊、螃蟹啊、乌龟啊一样。

技能二：长盔甲

那时出现了一大堆身披厚重铠甲的动物。

我长，我长，我长盔甲！

哼，你看得见我，抓得到我，但是你啃不动我，我气死你。

这可怎么吃呀！

威瓦亚虫

虽然这些遥远的史前动物对于我们来说非常陌生，甚至会让我们觉得有点奇怪，但是从它们那坚固的铠甲上，我们可以依稀看到，当年奇虾恐怖身影所过之处，所有动物都处在怎样的心惊胆战之中。

　　不过盔甲也未必管用，拿咱们相对熟悉些的三叶虫来说，从化石看，很多三叶虫身上都有被奇虾咬伤或是抓伤的痕迹。

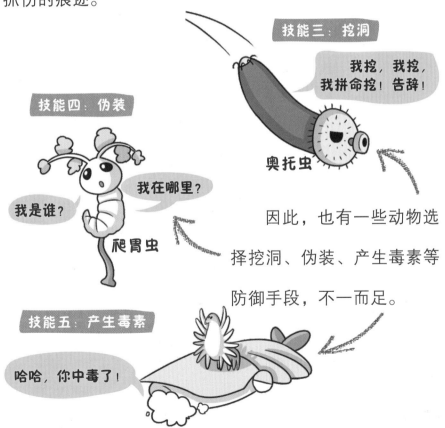

因此，也有一些动物选择挖洞、伪装、产生毒素等防御手段，不一而足。

鬼谷说

严格来说，奇虾最多只算是一个亚目。不过我们现在要说的是包含奇虾在内的一大类动物。不过方便起见，我接下去还是都把它们称为奇虾吧。

而在影响整个世界的同时，奇虾也在塑造着自身。到距今五亿一千万年的时候，奇虾的种类空前繁盛。在奇虾家族的鼎盛时期，奇虾的家就和今天的鲨鱼、鲸一样，占据着许多生态位。有些站在食物链顶端——比如肉食性的加拿大奇虾与澄江动物群发现的双肢抱怪虫——它们就是那个时代的利维坦鲸与巨齿鲨。

不过和现在一样，海洋里最大的动物往往不是吃肉的，而是滤食的，比如蓝鲸和鲸鲨。而奇虾中最大的也是一些滤食性的物种，比如海神盔虾。这海神盔虾能长到差不多一个成年人那么大，在当时也是巨大到"一览众山小"了。它那标志性的大爪子演变成了过滤性的筛子，横扫着海洋中取之不尽的浮游生物。它还有一个很有意思的特点，虽然奇虾跟我们现在的虾没啥演化上的关系，但是这个海神盔虾以及它的近亲——我们称为赫德虾类，却长着一个跟现在的虾一样的大头盔。

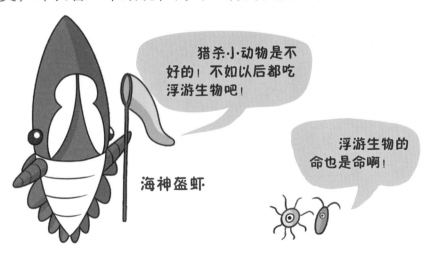

海神盔虾

猎杀小动物是不好的！不如以后都吃浮游生物吧！

浮游生物的命也是命啊！

在鬼谷我看来奇虾家族当中最最奇怪的应该是——欧巴宾海蝎。我们说了，一般的奇虾有一双萌萌的大眼睛，欧巴宾海蝎更萌，它有五只大眼睛，比二郎神还多。不仅如此，欧巴宾海蝎没有爪子，只有一张长到不行的嘴巴。科学家推测，这个长长的嘴巴应该是方便它把藏在海底泥洞里的小虫子掏出来吃掉的。

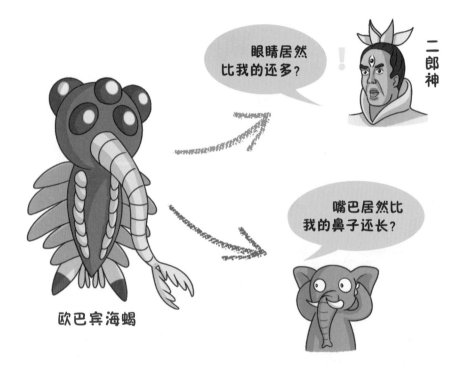

眼睛居然比我的还多？

二郎神

嘴巴居然比我的鼻子还长？

欧巴宾海蝎

五亿年前的海洋里，无论是凶猛的加拿大奇虾、过滤小动物的海神盔虾，还是长相怪里怪气的欧巴宾海蝎，它们共同引领了那个光怪陆离的远古动物世界，推动着动物的飞速演化。这群远古王者在超过六千万年的

寒武纪

加拿大奇虾·

双肢抱怪虫

维多利亚赫德虾·

欧巴宾海蝎

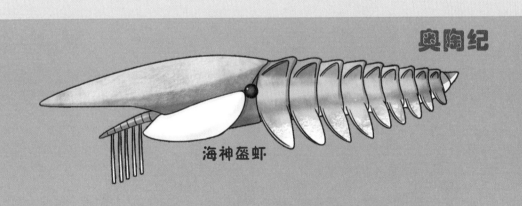

奥陶纪

海神盔虾·

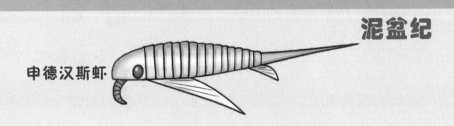

泥盆纪

申德汉斯虾·

13

时间里一直统治着全世界的海洋。

然而成也萧何败也萧何，在奇虾的威慑下，动物们普遍长出坚硬的结构，而这些坚硬的结构既可以作为防御的盾牌，当然也可以化作进攻的刀剑。

在奇虾身边无数惶惶不可终日的小动物当中，有一个非常不起眼的小角色——科氏惊异虫，长得有点像个小蜘蛛，它的近亲将会在一个偶然的机会下迅速崛起，挑战奇虾。

科氏惊异虫

终于在四亿八千多万年前，科氏惊异虫的后代演化成了一类全新的动物，名叫板足鲎（hòu）。当然，我们也可以叫它们海蝎子。

科氏惊异虫　　　　　　巨型羽翅鲎

海蝎子那坚固的盔甲不仅可以提供良好的防护，而且还可以形成一种非常关键的器官——外骨骼。当骨骼和肌肉相遇的时候，动物的力量瞬间达到了一种前所未有的高度，一种像奇虾似的肉虫子无法企及的高度。

海蝎子犹如披坚执锐的装甲武士，而与此同时，我们的奇虾却只有柔软的身躯。在巨大的装备差异面前，情势发生了逆转。曾经纵横四海、问天下谁敢为敌的奇虾终于遇上了真正的对手。

奇虾最后的化石记录大规模亮相是在摩洛哥的扎古拉河谷化石群。表面上看，奇虾依旧在四海纵横，体形甚至比它们在寒武纪的祖先更加庞大了。然而细心的古生物学家已经发现，那些横行海洋的捕食性奇虾早已消失不见，依旧奋勇挣扎的全是些滤食性的奇虾。它们已经从食物链顶峰跌落了。甚至可以说，体形变大，已经是奇虾在绝境中的最后挣扎了。

然而，巨大的体形终究挡不住历史的车轮。如果我们穿越到四亿八千万年前的海洋里，就能发现，世界各地，一处又一处，一种又一种的奇虾正在不断灭绝；而与奇虾的节节败退相对应的，是以各种海蝎子、角石等为代表的新一代动物的步步紧逼。

最终，奇虾被彻底赶出了曾经畅行无阻的富饶浅海地带，残存的奇虾族裔被逼到了贫瘠的深海区域，从此和许多寒武纪光怪陆离的动物一样，在化石记录中消失了。

科学家曾经以为，奇虾应该和寒武纪的其他原始动物一样，在新一代霸主的压制下彻底退出了历史舞台。然而科学家错了。奇虾一代枭雄，岂会就这样黯然远去？

德国莱茵河畔的本登巴赫地区不仅风景如画，而且也是全世界化石爱好者的圣地之一，每年都有无数"化石猎人"（化石猎人：特指那些将兴趣和爱好结合在一起，专门挖掘和搜集古生物化石的爱好者和研究人员）来此寻找梦想中的宝藏。

尽管这里已经出产了无数精美的泥盆纪化石，然而它们在2009年出土的一块神奇化石面前都会黯然失色，古生物家们直到今天都依然记得那块不可思议的化石带给他们的震撼。

它是一块奇怪的化石，化石中的生物与同时代的其他物种显得是那样格格不入。经过仔细研究后，科学家惊讶地发现，这块化石的主人竟然是一只——奇虾。

确切地说这是一只长得非常古怪的奇虾。它与先前所知的奇虾祖先之间是一亿年的演化空白，而它**犹如是奇虾这伟大的霸主最后的信使，穿越亿年，告诉世人奇虾那悲壮的英雄末路的故事。**

高傲的奇虾依然保留着标志性的爪子和大眼睛以及圆洞洞一样的嘴巴，说明它当时依然靠吃肉为生。但是与远古的祖先相比，这只生活在四亿年前的奇虾体形缩小到了只有人的手掌那么大。很显然，在丧失霸主地位后，奇虾也沦落到与那些曾经被它压迫的小动物为伍，曾经的猎人终究也变成了猎物。

为了躲避层出不穷的海洋新霸主，奇虾的身体发生了巨大的改变。除了原来的头盔以外，奇虾的身体上也像一只真正的虾一样覆盖了一层盔甲，甚至它的身体末端也像虾或是海蝎子那样长出了一根长长的尖刺，当逃无可逃、盔甲亦不能防身的时候，这根尖刺就是它最后的保命武器。

更神奇的是，这只奇虾还长出了类似鱼尾巴和鱼鳍的附肢，这些特征共同出现在一种动物上，让最后的奇虾显得像个四不像。可见即便是在穷途末路中，演化之手也没有抛弃那个可怜的远古生灵。

在它生存时代之后的地层中，人类迄今为止再也没有发现过哪怕是一只奇虾的化石，那个深埋在莱茵河畔的金色化石仿佛昭示着一个时代的落幕，奇虾终究完完全全地消失在了历史的长河中。

今天的人类已经可以将探测器送入深海，那个一片漆黑的陌生地带是一个不折不扣的活化石博物馆，人们在深海发现了无数曾经以为早已彻底灭绝的动物。我一直在想，会不会在某个角落，一片无人所知的神秘领域中，依然存活着奇虾最后的血脉，有朝一日，让我们得以一窥五亿年前的远古奥秘呢？

六亲不认的演化步伐
棘皮动物

前面我们讲到了奇虾，可能有的朋友会说，哎呀，奇虾也长得太奇怪了吧。

对于这些朋友，我只想说，还有更夸张的呢。要论奇怪，怎么能不提这个星球上长相最诡异、演化的步伐最六亲不认的棘皮动物呢？

棘皮动物是什么动物呀？这个嘛，不如先拿我们最熟悉的棘皮动物——海星来举个例子吧。你看啊，一般自由运动的动物通常都是两侧对称的，但是海星却长成了个五角星，仔细想想真是匪夷所思啊。

而且海星诡异的地方还不止如此。就说吃东西，先把食物吃进嘴里，然后再咽到胃里，应该是天经地义的吧。但是海星愣是在最基本的地方玩出花来，有相当一部分**海星吃饭的流程是，先把胃吐出来，把食物消化好以后再打包放到肚子里。**

海星发育过程

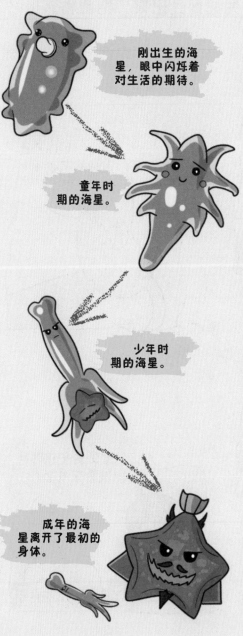

刚出生的海星，眼中闪烁着对生活的期待。

童年时期的海星。

少年时期的海星。

成年的海星离开了最初的身体。

海星永远能满足你对猎奇的渴望，比如说它在整个动物界绝对独树一帜的生长发育模式。

咱们先来看看海星的幼虫，它跟海星长得完全不一样。不过这倒也没什么大不了的，自然界类似的例子多的是。

但是幼虫长到某个阶段，除了长了好多触手以外，在身体一侧后方还长出一个类似五角星的东西。

最后，海星的幼虫会沉到海底，"五角星"也就顺势脱落下来。没错，"五角星"才是海星的主体。对海星来说，不是小时候的你长成了长大后的你，而是小时候的你身上长出了一个长大后的你。

在我们这个时代，跟海星同属棘皮动物大类群的还有四类动物，分别是海参、海胆、海蛇尾和海百合。总之，你要是看到一个动物的名字有"海"字，后面接了一个跟大海没啥关系的词语，那多半是棘皮动物。

我们知道，科学家把某些动物归类到一个大类里面，那肯定是因为它们有一些共同特征，可是这一点对于棘皮动物，起码外表上体现不出来。

你看，棘皮动物的长相相当随心所欲。

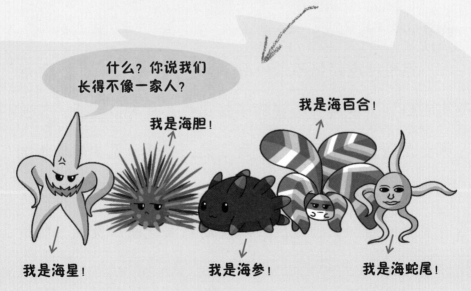

我一直在想，如果海星、海胆这些动物在历史上也全都像恐龙那样灭绝了，那么今天的古生物学家面对一大堆星星、刺球样子的化石，真不知会复原出些什么妖魔鬼怪来。

如果把演化理解为物竞天择、适者生存的话，那么棘皮动物真的是不知道在和什么斗智斗勇。

总体来说，棘皮动物祖先早期演化走的是在海底固着滤食的路线。这本身倒也没什么，只是一般来说，固定在海底滤食是一种特别稳定的生活方式，需要的身体结构也不用太复杂，所以这类动物通常在演化上也会显得比较保守。

但是棘皮动物不是一般的动物。它们最初虽说形状有点奇妙，但凭良心说样子其实也还算可以接受，至少哪个是嘴，哪个是肛门一目了然，身体也是中规中矩的两侧对称。别致的小尾巴虽然有点违和，但反正也是个有意义的结构。但随后，棘皮动物演化画风突然开始奇怪了起来。

一般来说，在动物演化中，凡是退化掉的器官和结构是不会再长出来的，但是棘皮动物可不管这些。

它们首先退化掉了那个小尾巴和口边上的触手，整个身体变成了个热水袋似的模样，趴到了海床上。

然后，它们又突然竖了起来，口边的触手不知怎么又重新演化了出来。随后其中的一根触手往海底一插，嘿，尾巴也回来了。这是什么操作？

有的棘皮动物再逐渐抛弃原本两侧对称的身体形态，于是，海百合诞生了。

棘皮动物演化过程

退掉小尾巴和触手

重新长出触手

抛弃两侧对称

变成辐射对称

除了海百合以外，还有好几支别的棘皮动物，比如海蕾等也走了固着滤食的演化路线，尽管它们经历的身体改造截然不同，但最终也变成了小花花的模样。

在四亿到两亿年前的海洋里，殊途同归的海百合与海蕾可谓处处开花。一眼望去，热情绽放的海百合、内敛含蓄的海蕾，还有其他怪模怪样的棘皮动物，组成了一个海底花园，里面长着各种各样的奇葩。

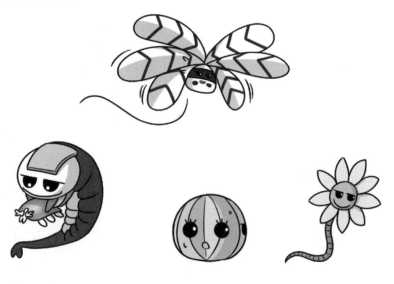

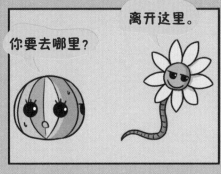

　　有的海百合不走寻常路，不再扎根海底，而是演化出藤蔓般的身躯，缠绕在别的东西上面，一言不合就搬家。

　　更有一些则索性成了掠食者，一旦有小鱼小虾经过，立马"吧唧"一下抓住，现场卷成海鲜寿司卷。

　　有的海百合个性耿直，即单纯让自己长得更高更大更粗，从而在海底花园中脱颖而出。

　　还有的海百合意识灵活，转而附着到海面的漂浮物上，对别的海百合实施降维打击。

虽然这些很做作很不单纯的史前海百合已经灭绝了，但是存活至今的海百合也不安分，比如有一类叫作海羊齿的海百合类就变得像草丛一样。

你可能要说了，哎呀，不就是从一朵"花"变成了一堆"草"嘛，有啥奇怪的呀？不！你想得太简单了，因为这个"草丛"是能够走路的。海羊齿拥有像根须一样的触手，可以在海底爬来爬去。甚至还有一些海羊齿不满足于走路，直接"羽化飞升"，演化成了所谓的"羽星"。

然而在棘皮动物的家族中，这些仿佛来自另一个世界的只能算是冰山一角。还有另一批棘皮动物从一开始就选择脱离固定的生活方式，开始四处活动。

一般来讲，一个动物向自由运动的生活方式演化大概是以下套路：强化两侧对称的身体构造，还有长出腿，长出眼睛，把身体分节，强化肌肉和神经等等。

但棘皮动物怎么会按照套路走呢？

他们演化的第一步，是把自己的身体……扭成麻花。

棘皮动物的奇葩进化套路

我受够了当一条两侧对称自由运动的蠕虫了！我要演化！

变一个固定不动的螺旋棒槌……继续！

变成一个大饼？也许应该让自己变得再舒展一点。

变成一个星星？好像还是感觉怪怪的，再变！

结果变成了一个刺球，再变……

啊！看来还是当一个两侧对称自由运动的蠕虫舒服！

扭完了，该长腿了吧！不，下一步是……

什么？把自己拍扁？

好好好，扁就扁吧，那接下来总该长腿长肌肉了吧？

错，它第三步是把自己翻转过来，改成头朝下，屁股在上。用自己嘴边上原本用来过滤海水的小触手来运动。于是有了海星。

这差不多相当于人把自己手脚都退化掉了，然后倒立过来改用舌头运动一样。

但这么让人摸不着头脑的演化路线居然还创造了棘皮动物中相对成功的一个分支，如今还存活的棘皮动物当中，海星、海胆、海参、海蛇尾都是这一批棘皮动物的后代。其中最能折腾的当属海参，它的祖先可能是一群长得有点类似海胆的动物，不知为啥把自己拉长了，然后平躺了下来，之后又把一身的骨板和棘刺全都淘汰掉，于是海参出现了。

但不管怎么说，这支棘皮动物从左右两侧对称、自由运动的蠕虫祖先，变成一个固定不动的螺旋棒槌，再变成一个大饼，再变成五角星，再变成一个球，

鬼谷说

你说你棘皮动物这几亿年是图个什么，也许图的就是个奔放的创意吧！

30

最终在海参这里又变回了左右两侧对称、自由运动的蠕虫。

可别以为海参只有腌黄瓜这一种形态，它的形态变化也完全贯彻棘皮动物那股折腾劲。这个从各种不同海参的俗名就能看出来，什么海苹果、海黄瓜，甚至还有什么海猪之类的，各种海参聚一块简直能摆一桌满汉全席了。

如果你觉得海参是棘皮动物演化历史上诡异的顶点，那你就错了。在鬼谷我看来，棘皮动物当中形态最自由狂放、卓尔不群的，既不是海参，也不是海百合，而是海扁果。这是几支特别纠结的棘皮动物，它们似乎又想宅在海底做个安静的滤食者，但又不是很舍得完全放弃自己的运动能力。之前说的海旋板也好，海胆、海参也罢，起码它们的身体还遵循着某种对称方式，看外形还能知道大概是个怎样生活的动物。

然而海扁果碾碎了动物外形设计的一切基本原则，可以说，海扁果的身体构造彻底打破了所有的对称模式，根本是一大堆意义不明的几何图形胡乱堆叠在一起。

当你看到古生物学家复原出来的海扁果，能想到这居然是一些动物吗？

最能折腾的海扁果

难以想象食物和水如何流通的开孔

功能未知的结构

功能明确的触角

拼想象力我居然会输！

食物和水的流通方式一目了然

打破一切对称模式的身体构造

平平无奇的两侧对称结构

难以归到任何一类的奇葩造型

软体动物、节肢动物和脊椎动物的拼凑造型

海扁果 VS 外星人

面对这种外貌简直"丧心病狂"的生物，我们根本无法想象食物和水流如何在其体内流动，也想不通它们究竟走过了怎样的演化之路。

我有时想，现在很多科幻小说作家的想象力真是很有限啊，他们穷尽想象力写出来的外星人形象也超脱不了脊椎动物、节肢动物以及软体动物这三大类群。然而在我们地球上，明明存在着一群棘皮动物，无论是灭绝的还是现存的，随便抓一个便能颠覆人类的想象力极限呀。

然而棘皮动物一方面在身体外形上极尽狂放不羁（jī），另一边却又在某些方面极度保守。比如说自古以来，没有任何一种棘皮动物拥有过常规意义上的眼睛或者一些神经中枢、血液循环之类的系统。除此以外，冲着棘皮动物那一堆"海这个""海那个"的名字，就能知道棘皮动物从来没有离开过海洋，不说登陆了，连淡水都不曾涉足过。

这一切让棘皮动物付出了极其惨痛的代价。

历史上每一次大灭绝都会极大摧残棘皮动物。在过去四亿年间，棘皮动物的家族不断萎缩，什么海座星、海盘囊、海林檎、海蛇函等名字霸气、样子更惊人的棘皮动物纷纷成了岩层中的远古谜团。

　　从另一个角度来说，棘皮动物也总能凭借着无尽的创造力渡过劫难。无论地球演变如何一次次地将它们全族逼到灭绝的边缘，它们却总能仗着那么一些奇形种，扭动着奇异的身体存活下来，再度绽放出朵朵奇葩。

　　世界上任何动物类群的演化史，无论走了什么路线，无论成功还是不那么成功，都是一部波澜壮阔的史诗，总能让我感慨万千。只有面对棘皮动物的时候，我的

内心毫无波澜，甚至有点想笑。

尽管只剩五个纲，但棘皮动物依旧"不思悔改"，虽然此后没有再演化出新的纲来，但是它们的演化路线还是如此：**生命不息，折腾不止。**

鬼谷说
棘 皮 动 物 的 补 充

　　棘皮动物演化的"自由洒脱"与它们独特的发育模式有很大关系。正是因为从"小时候的自己"身上长出"长大后的自己"，所以其成体的身体模式可以不被发育的框架所束缚，只需要更少的基因突变就可以实现身体模式改变而不会有太大副作用。此外，大部分棘皮动物的生活方式也不需要身体一定长成什么样子，比如很多海星受伤自愈后会变成"六角星""四角星"等，对其生活也完全没有影响。

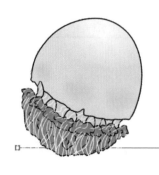

过去与未来的超然魅影
水母

之前讲了骨骼清奇的棘皮动物，而现在要说的这类动物则给了鬼谷我完全不同的感觉——梦幻，那就是水母。

严格来说，水母只能算是一种浮游生物，它们没什么像样的动力系统，只能拖着轻盈透明的身体在海洋中"随波逐流"；它们也没有任何意义上的神经中枢，感觉系统只局限于几个感光眼点（眼点：小而构造简单的视觉胞器）与平衡囊（平衡囊：专管平衡感觉的囊状物）之类的。**无知，无感，无牵，无挂，从各种意义上都宛如一个四海"漂"荡的幽灵，而它们的演化之路也一如它们的身姿。**

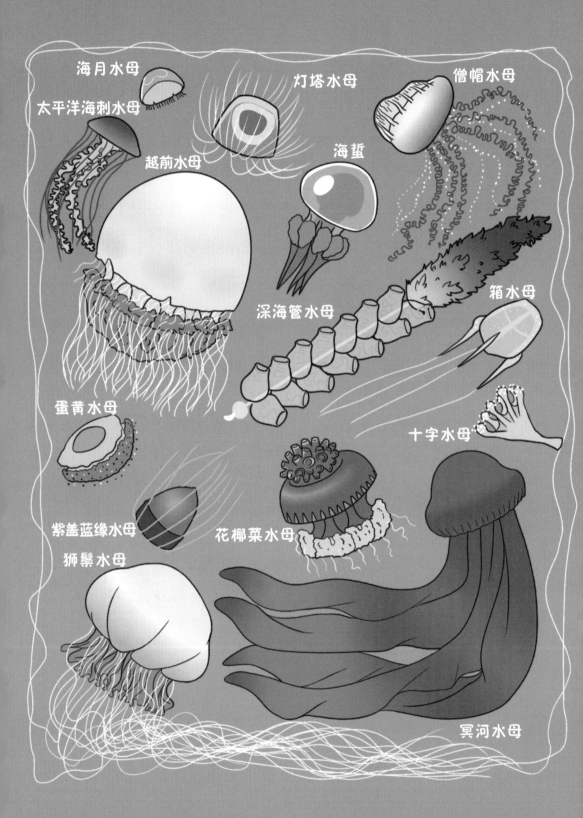

海月水母

太平洋海刺水母

灯塔水母

僧帽水母

海蜇

越前水母

深海管水母

箱水母

蛋黄水母

十字水母

紫盖蓝缘水母

花椰菜水母

狮鬃水母

冥河水母

由于构成身体的是含水量极高的胶质，水母一旦死亡，身体会在几小时内腐烂到无影无踪，这注定了水母是世间最难形成化石的生物之一。

只有在极端偶然的情况下，水母才会在岩层中留下一丁点若有似无的雪泥鸿爪，稍稍让世人知道它们曾经来过。

来无影去无踪的水母

老哥，你这样可形不成化石啊。

贫道跳出三界之外，不属六道之中，无须为后人所知。

这叫后代怎么认祖宗啊？

水母的起源其实也来头不小。

之前我们说的很多动物都源自寒武纪大爆发，然而水母作为动物界最早的分支之一，历史更古老，它们起源于更早的一场不太为人所知的物种大爆发——阿瓦隆大爆发。

如果说寒武纪大爆发带来了丰富多彩的动物世界，那么阿瓦隆大爆发则带来了动物本身。这场爆发发生在一个非常微妙的时间节点上，那时地球刚刚结束了自其诞生以来第二强烈的极寒事件——绵延两亿年的"雪球地球"事件，久违的和煦阳光终于重新洒遍浅海。

睽违已久的丰饶滋养起了海洋中巨量的细菌以及其他单细胞生物，它们沉积到海底，铺就了一层厚实的"菌毯"。

在这样的环境中，诞生了最早一批肉眼可见的动物——**埃迪卡拉动物**。这些动物跟我们今天概念上的动物很不一样，它们不用真正去运动，甚至不用分化出多复杂的器官，只要把自己摊成一张大饼，往菌毯上一趴，便能直接吸收无穷无尽的营养；或者把自己变成一根羽毛似的样子，扎根在海底漂动，海水里悬浮的单细胞生物便会自己送上门来。

趴着真舒服！

只想躺平！

我不是植物，我可是正儿八经的动物！

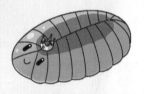

狄更逊水母

三分盘虫

查恩盘虫

鬼谷说

狄更逊水母和我们这次讲的水母并没有亲缘关系。

无论从任何角度来说，这都是一个让动物沉醉的乐园。由于生存实在太过容易，埃迪卡拉动物进行了无数不可思议的演化探索，创造了动物形态最为变幻无常的时代。

但是，"纸醉金迷"终究有"曲终人散"的那一天。可能是菌毯被过度消耗，也可能是单细胞生物也逐渐发展出了对抗动物蚕食的手段，埃迪卡拉动物终究是没办法再"躺"着过日子了。

我的特长是爬！

斯普里格蠕虫

肆意放飞的演化创意终究也不得不向生存的现实低头，有些动物学会了在菌毯中挖洞；有些比如斯普里格蠕虫，则学会了四处爬行，用专门的感觉器官搜索食物；还有一些如金伯利虫，甚至发展出了专门的器官以搜刮食物。

其中有这么一种动

确实比我强不少！

我可以把岩石上的食物刮下来！

金伯利虫

至少比我像个动物了！

物，我将其翻译为"魔鬼蝈"，则演化出了杯子形状的身体，并且用自己的四组触手搅动水流，驱使海水里的小生物与有机碎屑落进自己

我只要会搅动水流，食物就能不请自来。

魔鬼蝈

的"杯子"里。

这点小花招已经足够在那个时代生存下去了。

从杯子造型开始，这一支动物穿越漫漫历史，它们承受住了历次大灭绝。在此后的六亿多年中，这群动物虽然外貌有了巨大的变化，但始终保持着最基本的身体模式，它们便是刺胞动物门。

早期的刺胞动物延续了祖先那种靠天吃饭的习性，比如先光海葵，它们不过是将原来的触手演变成了羽毛状，改成了主动滤食。

但很快，随着寒武纪大爆发，两侧对称的动物新秀开始崛起，眼睛、附肢与贝壳等新装备纷纷"上线"，动物之间的关系也从淳朴的竞争演变成了弱肉强食的厮杀。埃迪卡拉动物的秩序被击溃，最终刺胞动物这个古老的族裔第一次不得不面对生存危机。

世道险恶，不欲为羔羊，便化为豺狼。

寒武纪早期的刺胞动物给自己的触手装配上一种很精巧的细胞，被称为刺细胞。这种细胞基本上是一个微型的毒刺陷阱，可以感知其他物体的接触，并迅速弹射出一根毒刺。这个小机关让刺胞动物成了地球上较早的一批掠食者，而且只有拥有刺细胞的刺胞动物延续到了今日，因此我们将这个类群称为刺胞动物。

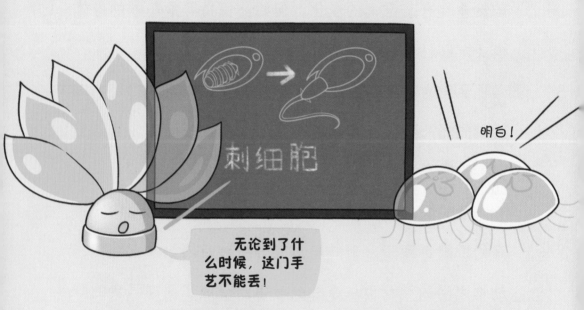

无论到了什么时候，这门手艺不能丢！

明白！

　　这时候的刺胞动物在外形上已经和今天的水螅或者海葵等现代刺胞动物非常相似了，然而由于始终未能演化出两侧对称的身体以及神经中枢，刺胞动物注定无法在积极掠食的生态位上走得太远。但是极简的身体构造也赋予了它们强大的演化潜力，使之继承了埃迪卡拉动物对动物演化道路的无尽探索，从此走上了一条有别于世间一切生命的演化之路。

而这份探索在寒武纪初期便绽开了奇幻的花朵：水母。这种生命形态从一开始便仿佛是幻境中的产物。人们至今也不是很清楚水母的起源，一切都只能依赖推测。刺胞动物本来就拥有通过在自己身上出芽来克隆自身的能力，这种能力在早期的动物中十分常见，但刺胞动物将它发展到了一种新的境界。

随着寒武纪的海底愈发拥挤，有些早期固着在海底的小小的刺胞动物便面临了被其他生物掩蔽的风险。于是它们让出芽克隆出的新的自己不再脱落，而是继续长在原来的自己身上，彼此共享营养，出芽又出芽，无数个自己的克隆体团结在一起，便组成了一棵傲视海底的参天大树。不同的是，这棵海底之树不会光合作用，那是一棵嗜血之树，组成这棵树的每一个刺胞动物克隆体都会伸出带有刺细胞的触手，捕食小动物，并将营养输送给全身。

刺胞动物传宗接代的方式也和植物差不多，它们直接把卵子和精子释放到海水中，随缘结合。在自私的基因推动下，组成这棵树的原本一模一样的克隆体之间演变出差异，有些克隆体转变成了专职负责释放精子或卵子的生殖个体，宛如是这棵奇诡的树上结出的异界之花。

但海底可没有什么动物会冒着生命危险去帮刺胞动物传宗接代，于是又有一些刺胞动物索性将这些部分脱落了下来，反正它们本质上也是一个可以独立生存的克隆体，就让它们自己漂去寻找伴侣吧。日积月累，这些部分变得越来越发达，发展出初步的感觉器官，伸展出同样布满刺细胞的触手，于是水母便诞生了。

水母的诞生

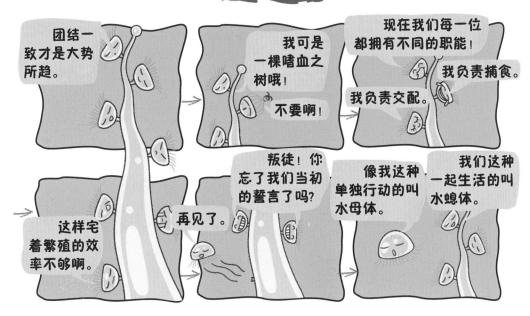

　　类似的演化过程很可能在刺胞动物中独立发生了很多次，因此绝大多数刺胞动物都有两种生命形态：一种是像植物一样固着在海底的，我们称之为水螅体；还有一种是水分充盈、浮游在海洋中的水母体。

　　水母体在海水中释放精子、卵子，配子结合后会发育成一个叫作浮浪幼虫的种子，沉到海底，生根发芽，长出一丛由水螅体构成的"树"。这棵树长大，开花，"花儿"落下来又发育成新的水母体，从此生生不息。

有些刺胞动物甚至可以在两种形态间自由切换，比如灯塔水母，它们的水母体可以沉到海底重新转变回水螅体，水螅体也能随时再度绽放出水母之花。有人说这是永生，但是像刺胞动物这样的生命形态，无数个刺胞动物克隆个体聚集在一起成为整体，其中又分化出一些个体专门负责繁殖，恐怕早已超越一般动物那样的生死轮回了吧。

实际上，有一支被称为管水母目的刺胞动物已经先行一步，它们演化出了一种……我们或许可以称之为超个体的生命形态。

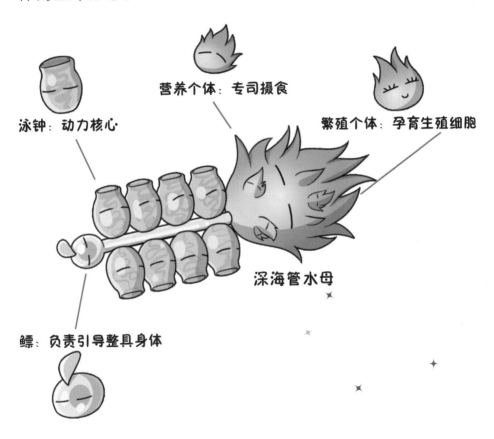

泳钟：动力核心

营养个体：专司摄食

繁殖个体：孕育生殖细胞

深海管水母

鳔：负责引导整具身体

凝聚成管水母的刺胞动物个体有着相当复杂的功能分化。大部分管水母呈长条形，宛如一条逶迤的"蠕虫"。

但若细看起来，处于这条"蠕虫"最前端的个体变成了一个充满空气的鳔，引导着整列身体上下腾挪。而在鳔之后，则是一串开合蠕动的奇异个体构建成的泳钟，它们构成了动力核心。再往后，则是无数拖曳着缥缈毒丝的营养个体与孕育着生殖细胞的繁殖个体。

这一群身体构造极为简单的个体，组合成了如此不可名状的生物，游荡在那幽暗神秘的深海之中。

僧帽水母

还有一些管水母则更为人类所熟知，包括著名的帆水母与僧帽水母。它们退化掉了泳钟，但拥有发达的鳔，直接漂浮在海面上，它鳔上往往还长着三角形的风帆，乘风往来，沉浮四海。

然而精巧的"扁舟"之下却是杀机四伏，盘踞在那里的无数营养个体向海水中布下了天罗地网的毒丝，所过之处，鱼虾都被一网打尽，化作了这个超级群体的滋养物。

但无论整体外形如何变化，其中每一个单独个体都已经因为极度的特化，再也不可能单独生活了。

这不由得让人想起当初，生命最早的形态不过是一些简单的原核细胞，后来一些原核细胞聚集成了一个整体，各司其职，演化成了复杂的真核细胞。之后又有一些真核细胞彼此聚集成为一个整体，内部继续产生细胞分化，演化成了多细胞生物。

而刺胞动物，又将多细胞的生命个体聚集成整体，内部产生个体分化。这个经常被认为原始的族裔，似乎已经超脱了动物界，在一个更高的维度上翻开了整个地球生命的演化新篇章。

水母们仿佛一群超然物外的仙圣，随性而来，飘然而去。它们可能见证了动物最原初的过去，也或许开启了生命演化的未来。

当一切都已沧海桑田，远古的水母先祖们却终究只化作了生命长河中的一抹幻影，继续给后人留下无限的遐想。

谁也不知道我有多少秘密
塔利怪物

在地球历史上有很多动物都成了古生物学的未解之谜，因为它们留下的化石不是太过稀少，就是太过破碎。然而有那么一种动物，它出土的化石多达数千块，而且保存异常完整，连许多软组织都清晰可辨，但它依旧让古生物学家始终不能给出定论，这种凭实力成为谜团的动物便是塔利怪物。

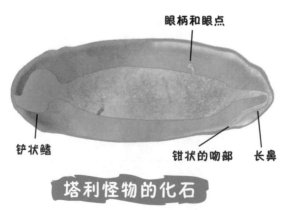

眼柄和眼点

铲状鳍　　　　　钳状的吻部　长鼻

塔利怪物的化石

52

首先，它的造型像是《西游记》中的妖怪，局部看都似曾相识，放一块儿就匪夷所思。

当然，历史上造型奇怪的动物我们之前提到过，但它们往往出现在埃迪卡拉纪或寒武纪，那时动物出现了拢共也没几亿年，跟古早漫画似的，画风奇怪一点大家也能理解，时代限制嘛。

但塔利怪物，那可是生活在大约3亿年前石炭纪的动物啊！当时海洋里软骨鱼如日中天，四足脊椎动物正在向着陆地冲刺，昆虫则刚刚一飞冲天。

在这样的大背景下，塔利怪物往那一杵，诡异的画风像许多邪典烂片一样，不拿来吐槽简直是浪费素材。

有人可能会说，古生物学家连棘皮动物都见识过了，还有啥不能接受的？但塔利怪物还有一个最大的麻烦——它没有系统发育谱。通俗点讲，它突然出现在了岩层中，又突然彻底消失，前不见祖先，后不见近亲。

所以塔利怪物在1966年一经发现，就让所有人惊呆了。它是什么动物？它属于何门何纲？它过着怎样的生活？它由什么演化而来？它的后代又去了何处？

面对这一切问题，哪怕是身经百战见多识广的古生物学家也是一筹莫展。

足足过了50年，他们的研究才稍稍有了一点头绪。

2016年，耶鲁大学和兰开斯特大学的几个研究组，分析了数千块塔利怪物的化石后表示：根据脊索和眼睛，判断它们很有可能是脊索动物。科学家们甚至还更进一步，直接指出塔利怪物本质上是一种七鳃鳗的近亲。这个研究做得那是相当漂亮，一经发布，世界轰动。

对此，学者们纷纷表示，他们说得好有道理，但还是有办法反驳。

一年后，宾夕法尼亚大学和牛津大学的几个研究组发现：被认为是脊索的白线越过了眼睛所在的位置，不符合脊索动物的特征；而且在与塔利怪物同一个地层中发现的七鳃鳗化石上，也没有发现类似的白线；还有，那个圆溜溜的眼睛的解剖形态属于杯形眼，这种形态的眼睛在动物界中广为分布，但偏偏是在脊索动物中极为罕见。

反正把之前的每一条证据都反驳了一遍，可谓是条分缕析，逻辑鲜明，完全推翻了之前的结论。

　　但是这一研究也只是大概排除了塔利怪物是脊索动物的可能性，没有推测出它究竟属于哪个类别。

　　时至今日，学术界对于塔利怪物的身世依旧莫衷一是。相信在未来很长的一段时间里，它的怪物之名还将一直在那里，提醒着人们：在数亿年的动物演化史面前，我们所知道的只是沧海一粟吧。

动物界的不胜传说
触手冠动物

 之前我们讲的那些动物类群，不是什么旧日支配者，就是挣扎的求生者。现在我们要说的是听者伤心，闻者落泪，堪称动物界中一代不胜传奇的悲催群体——触手冠动物。实际上我们之前已经挺详细地说过一类触手冠动物了，那就是腕足动物。

 简而言之，腕足动物原本是一群动物赢家，它们的基本结构可以参考今天的海豆芽。一根又粗又长的肉筋长于海底，使之可以牢牢固定在海床上。此外还长着两片结实的贝壳，贝壳里面是像滤网一样的触手冠。这个触手冠正是触手冠动物几个类群的普遍特征，也是它们名称的由来。凭着触手冠，它们可以过滤海水中的浮游

生物，遇到敌害，两瓣贝壳一闭，就是金钟罩铁布衫，肉筋一用力，便能瞬间遁入海底，堪称无懈可击。在五亿多年前的寒武纪，**海洋当中超过20%的动物都是腕足动物**，它们密密麻麻地盘踞在海底，是当时海底滤食动物的绝对主流。

寒武纪海洋生物

腕足动物

然而，在长达两亿多年的时间里，腕足动物的身体构造几乎没发生什么大的变化。把今天最常见的腕足动物比如海豆芽、小嘴贝等放到寒武纪毫无违和感，真可谓从一而终，反正我没见过有啥动物在演化上能这么"偷懒"的。结果它们被后来居上的双壳类软体动物日拱一卒，最终在二叠纪末丢失了自己的大部分江山。

大灭绝后它们彻底沦落为"板凳队员"。然而，这么个生生把自己"宅"成了活化石的类群，居然已经算是触手冠动物的实力天花板了。

腕足动物好歹祖上还阔过，剩下的几支触手冠动物真的是从失败走向更失败了。比如说，这一支动物从名字来看就很失败，它们本来被称为苔藓动物，后来人们发现这个名字有点问题，于是它们又被改名成外肛动物，对，你没看错，就叫这个名。看到它们的长相，有人会奇怪，这不是珊瑚吗？不，它真的是传说中的外肛动物。如果说腕足动物是被别人模仿，那么外肛动物可厉害了，它去模仿别人。本着谁厉害模仿谁的套路，它模仿的正是海底最厉害的造礁动物——珊瑚。

它们把触手冠暴露在外，模仿刺胞动物的小触手，同样也分泌钙质外骨骼，搭建起各种形状的基质，再藏身其中。

你还真是不赖嘛!

你也是个真正的对手!

我运动能力强!

我和鱼类搞好了关系,互利共赢才是上策。

数亿年来,珊瑚最大的竞争对手一直都是海百合,双方可谓你方唱罢我登场,此起彼伏。目前来说,珊瑚明显更占优势,但海百合也不是全落下风。然而,珊瑚和海百合斗了几亿年,外肛动物竟成最大输家。

外肛动物

苔藓动物

触手冠动物

腕足动物

软舌螺

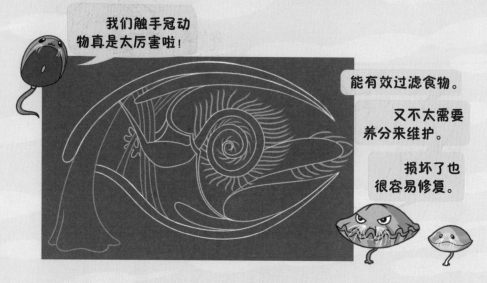

其实，这样说也有点冤枉它了，外肛动物在历史上发挥一直很稳定，从来没有过什么存在感，直到今天也是如此。它们像植物当中的苔藓一样，凭良心说种类不能算少，但就是给人一种有它没它一个样的感觉。还有更惨的吗？

有，那就是软舌螺。其实，如果不考虑后来的各种变化构造，在前期的寒武纪、奥陶纪，触手冠动物真的还有着不错的构造，又能有效过滤食物，又不太需要养分来维护，损坏了也很容易修复，而且看着似乎也不怎么影响它们的演化潜能。但不知道怎么搞的，触手冠动

物一个个都发展成了"死宅"，固着在海底滤食，几亿年来都没啥变化。

　　但是如果非要说的话，倒还确实有那么一支触手冠动物走上了自由运动的演化道路，它们是软舌螺。软舌螺起源于寒武纪，祖先也和腕足动物差不多，比如云南肉茎螺，便用肉茎固着在海底，长着两瓣贝壳来保护自己。然而它们的两瓣贝壳不是像腕足动物那样基本对称，而是底下的一个呈桶状，顶上的那个则像是个盖子。

垃圾桶一样的贝壳构造

云南肉茎螺

用于取食的触手冠　　　　用于固着的肉茎

　　但随后，有一支软舌螺退化掉了肉茎，奔向了自由，它们用两条触手拖着锥状的身体在海底爬行，宛如

鬼谷说

这是演化成外卖了吗？

一个行走的海鲜寿司卷，一路向前，冲进了各种动物的

五脏庙之中。

　　各个地层中，软舌螺最常见的形象就是伴生在大型动物的肠道里，在寒武纪被奥托虫吃，在泥盆纪被鱼类吃。这种情况大概有两亿多年，直到二叠纪末大灭绝，宣告了触手冠动物中唯一一次自由生活的演化尝试的失败。

　　　　　　　　　　　　　　　　　　说实在的，触手冠动物的演化路线处处都给人一种无所谓的感觉。但要说它们烂泥扶不上墙呢，它们却又总能在一些犄角旮旯找到自己的生态位，用一种超级原始的身体构造一路存活到现在。真的是让人不知该作何评价呀。

参考资料（部分）

学术论文、综述：

Park, T. Y., Woo, J., Lee, D. J., Lee, D. C., Lee, S. B., Han, Z., ... & Choi, D. K. (2011). A stem-group cnidarian described from the mid-Cambrian of China and its significance for cnidarian evolution. Nature Communications, 2, 442.

Ou, Q., Han, J., Zhang, Z., Shu, D., Sun, G., & Mayer, G. (2017). ThreeCambrian fossils assembled into an extinct body plan of cnidarianaffinity. Proceedings of the National Academy of Sciences, 114(33), 8835-8840.

Clements, T., Purnell, M. & Gabbott, S. (2019). The Mazon Creek Lagerstätte:a diverse late Paleozoic ecosystem entombed within siderite concretions. Journal of the Geological Society, 176(1), 1-11.

视频、纪录片：

PBS: the Shape of Life: Cnidarians life on the move
CNRS: plankton chronicles: Pelagia-FearsomeJellyfish
PBSEons: The Tully Monster & Other Problematic Creatures

网站&网页

https://ucmp.berkeley.edu/cnidaria/anthozoafr.html

科普文章：

Jennifer Kennedy: Overview of Cnidarians. Thoughtco. 2019
palaeocast: Episode 62: The Tully Monster
中国科学报：软舌螺的寻亲之旅
攀缘的井蛙：【地球演义】系列

更多资料详情，扫描二维码获取